DE L'INTERVENTION SECONDAIRE

DE L'INTERVENTION SECONDAIRE

DANS LA GANGRÈNE DES MEMBRES

(Extrait du Lyon Médical.*)*

LYON. — IMP. D'AIMÉ VINGTRINIER.

DE L'INTERVENTION SECONDAIRE

DANS LA

GANGRÈNE DES MEMBRES

PAR

LE DOCTEUR LÉTIÉVANT,

CHIRURGIEN EN CHEF DÉSIGNÉ DE L'HOTEL-DIEU
DE LYON.

LYON

IMPRIMERIE D'AIMÉ VINGTRINIER

Rue Belle-Cordière, 14

1871.

DE L'INTERVENTION SECONDAIRE

DANS

LA GANGRENE DES MEMBRES

Qu'elle doit être la conduite du chirurgien en présence d'une gangrène frappant un segment entier d'un membre ?

Il y a trente ans, la réponse à cette question n'eût pas offert de difficultés. Le sphacèle d'une partie d'un membre était, à cette époque, une indication absolue d'amputation.

Quand la gangrène était de cause traumatique, il fallait amputer de suite, avant même sa délimitation. Lorsqu'elle était spontanée, on devait attendre la formation du liseré rouge marquant son arrêt et amputer alors.

Telle était la pratique de Dupuytren et de Larrey. Tous deux commandant alors à la chirurgie civile et militaire, l'unanimité la plus complète régnait sur ce point de pratique.

En 1845 parut un ouvrage qui eut une influence considérable sur la pratique moderne : *Le Compendium de chirurgie*. Les auteurs de cette œuvre y déclarent que la lecture du mémoire de Bilguer, *De l'inutilité de l'amputation dans les gangrènes*, les a complètement convaincus ; que, depuis cette lecture, ils sont convertis à la doctrine de l'expectation dans le traitement de ces affections. Leur conviction est à ce point que, s'ils étaient eux-mêmes affectés de cette maladie, ils refuseraient l'intervention chirurgicale pour laisser à la nature seule le soin d'éliminer les parties sphacélées.

Ils apportent à l'appui de cette doctrine deux observations dans lesquelles ils ont agi suivant leurs convictions. L'un de ces faits mérite d'être rappelé ; il montre jusqu'à quel degré d'exagération les auteurs du *Compendium* ont poussé la doctrine de l'expectation :

Un adulte est atteint de sphacèle de la jambe. Le liseré rose, puis le sillon de séparation se fait au voisinage du tiers supérieur de la jambe. Au bout d'un certain temps, le sillon largement creusé met l'os à nu sur une longueur de près de trois centimètres. Un matin, les auteurs du *Compendium*, dans le but de séparer le mort du vif, portent la scie au fond du sillon, le plus loin possible de la partie vive. Mais à peine ont-ils pratiqué deux ou trois traits de scie sur l'os, qu'ils s'arrêtent : du sang s'est écoulé sous les dents de l'instrument. C'est pour eux une preuve évidente que la gangrène n'a pas encore atteint la moelle de l'os. Ils cessent toute intervention et, convaincus du danger qu'ils ont été sur le point de faire courir au malade, ils abandonnent à la nature le soin d'éliminer les parties mortifiées. Or, la nature mit quatre mois à séparer les deux os de la jambe. Ce temps, joint aux mois nécessaires pour permettre une cicatrisation complète, prolongea considérablement la durée de la maladie.

La guérison finit cependant par être complète. La cicatrice, il est vrai, était fort irrégulière, le moignon détestable. Ce fut de médiocre conséquence, disent nos deux auteurs, car le malade marchait sur un pilon, à l'aide du genou et n'avait pas à se servir du moignon.

Voilà l'observation donnée comme exemple aux générations médicales à venir par MM. Bérard et Denonvilliers.

Dès cette époque, les chirurgiens se divisèrent en deux camps : les uns restèrent fidèles aux anciens errements, les autres suivirent la pratique nouvelle. Les premiers, par leur intervention constante, méritent le nom d'*interventionistes* ; les seconds, qui laissent tout faire à la nature, je les appelle *abstentionistes*.

Les interventionistes ont duré jusqu'à nos jours. A leur tête se trouve aujourd'hui un homme de grande influence, Sédillot. « La gangrène est « une des indications les moins contestables des amputations », dit cet auteur. . . . .

« Lorsque la gangrène existe, quelle est l'époque à laquelle l'amputation « doit être faite ? L'expérience a démontré qu'il fallait en général attendre « que la gangrène fût limitée et qu'un cercle inflammatoire vînt tracer une « ligne de démarcation entre les parties vivantes et celles qui ont été frap- « pées de mort. L'amputation alors a pour but de substituer une plaie ré-

« gulière et dans des conditions favorables à une plaie suppurante, avec
« perte des téguments et saillie des os, dont la guérison serait très-longue,
« la persistance dangereuse et les résultats peu avantageux. Il faut donc
« amputer, et tout le monde est d'accord sur ce principe. » (*Médecine
opératoire*, de Sédillot, page 309, année 1865.)

M. Sédillot professe aux écoles militaires. Il n'est pas étonnant qu'il ait
entraîné à sa suite la plus grande partie des chirurgiens des armées.

Les abstentionistes se rencontrent surtout dans les rangs de la médecine
civile. A leur tête se trouvent, après Denonvilliers, l'un des auteurs du *Compendium*, Nélaton et Follin. Ces derniers sont moins absolus que le premier.
« Tout en rejetant l'amputation au-dessus de la gangrène, ils admettent
« qu'on peut hâter la chute du membre en coupant les os dans l'interligne
« qui sépare le mort du vif, lorsque cet interligne permet le passage d'une
« scie. » (Follin, *Pathologie externe*.) Ce n'est là évidemment qu'une
expectation déguisée.

Deux raisons surtout paraissent motiver la conduite des interventionistes :
1° Ils croient sauver plus de malades par leur méthode ; 2° ils font, à leurs
opérés, un moignon régulier.

Les abstentionistes ne s'inquiètent pas de ce dernier point ; mais ils s'ima-
ginent aussi sauver un plus grand nombre de malades par l'expectation.

Où est la vérité sur ce point capital ? Il est difficile de l'établir.

Pour démontrer la supériorité de leur conduite, les interventionistes in-
sistent sur des arguments surtout théoriques.

Ils affirment que la gangrène des membres s'accompagne de symptômes de
dépression, tels que frissons, diarrhée, hébétude, ce qui dénote une influence
pernicieuse manifeste de cette maladie sur l'état général de l'individu qui
en est atteint.

Ils savent que M. Michel (de Strasbourg) a surpris, à l'aide du micros-
cope, des granulations et des globules graisseux, partis de la portion morti-
fiée et transportés en masse dans le torrent circulatoire, où ils produisent
une sorte d'intoxication. L'intervention rapide seule peut empêcher cet
empoisonnement du sang et les symptômes dépressifs qui l'accompagnent.

Ils font appel à quelques séries de faits favorables à leur doctrine. Ainsi,
M. Valette, chirurgien militaire, vit en Crimée mourir tous les sujets atteints
de sphacèle des deux pieds quand il s'était borné à laisser à la nature le

soin d'éliminer les parties mortes; tandis que, dans le seul cas où il est intervenu par une double amputation sus-malléolaire, il a guéri son malade.

Enfin, disent encore quelques-uns, au temps du *Compendium* les chirurgiens pouvaient avoir quelque raison de combattre l'intervention. On amputait la jambe toujours au lieu d'élection, et pour une gangrène limitée au pied on portait le trait de scie à cinq travers de doigt au-dessous du genou. Aujourd'hui, pour un cas semblable, on fait l'amputation sus ou intra-malléolaire, beaucoup moins meurtrière que la première.

Ces motifs réunis légitiment sans doute la conduite des interventionistes, mais ne suffisent pas à démontrer la supériorité de leur pratique.

La question n'est pas davantage jugée en faveur des abstentionistes. Ceux-ci ont, à l'appui de leur opinion, un certain nombre de faits individuellement observés; mais aucune statistique vraiment sérieuse ne donne une base solide à leur doctrine. Une statistique à ce sujet est même impossible à faire aujourd'hui. Voici à quels résultats m'ont conduit la recherche et la comparaison des faits de gangrène consignés dans la *Gazette des hôpitaux* depuis 1858. Dans tous les cas où la guérison s'est effectuée, c'est à la suite d'amputation. Dans tous ceux où la mort est survenue, on n'était pas intervenu chirurgicalement. Il faudrait en conclure que l'intervention l'emporte sur l'abstention, s'il n'était pas préférable et plus rationnel de reconnaître : 1° que le chirurgien s'empresse de publier ses cas de succès quand il est intervenu : 2° que l'anatomo-pathologiste n'hésite pas à divulguer les détails nécroscopiques de sujets morts en dehors de toute intervention.

Le seul raisonnement décisif en faveur de l'abstention est celui que faisait Nélaton en 1846 et qu'il faut répéter encore : « Considérant les dangers « réels qu'entraîne une amputation, remarquant en outre que l'on a surtout « fait à l'élimination spontanée des objections théoriques, nous pensons, « avec Bérard et Denonvilliers, que l'on peut en appeler de la décision des « anciens, qui prescrivaient l'amputation dans tous les cas de sphacèle « des membres, et que l'on peut dans bien des cas attendre l'élimination « spontanée. »

Cependant, si l'intervention telle qu'on la pratique est dangereuse, l'abstention, de son côté, telle qu'on la suit, n'est nullement exempte d'inconvénients et de dangers.

Les conséquences fâcheuses de l'abstention peuvent se produire pendant l'évolution de la maladie ou après sa guérison.

Pendant le développement de la maladie, on peut observer :

1° Des *douleurs violentes*, telles que Chassaignac en observa dans un cas où il ne put les faire cesser que par la section de l'os au fond du sillon (cette section aurait mis fin à la compression de la moelle, selon l'auteur);

2° Des *inflammations* des parties molles voisines du sillon, causes d'accès fébriles;

3° Une *suppuration abondante* conduisant à l'épuisement ;

4° La *longue durée de la plaie*, ce qui expose le malade à toutes les complications intercurrentes : pourriture d'hôpital, érysipèle, phlegmons, etc., ce qui laisse une porte ouverte à la mort, comme disait Velpeau, pendant une série de six, huit ou dix mois.

Les conséquences *éloignées* de l'abstention sont des plus graves. Le moignon résultant du travail de la nature est informe, comme celui des auteurs du *Compendium* ; le tissu cicatriciel qui le recouvre est tiraillé au moindre mouvement ; il en résulte des douleurs fréquentes, des ulcérations répétées.

Aucun appareil prothétique ne peut s'y adapter et le malade conserve un membre inutile et incommode.

Dans quelle triste situation n'est-il pas si le moignon qu'a formé la nature existe à la partie inférieure de la jambe ! Alors, la marche ne devient possible ni sur le genou à l'aide du pilon, ni sur un appareil perfectionné, où le moignon refuse de prendre un point d'appui !

Une pratique exposant à des dangers et donnant des résultats éloignés aussi déplorables, mérite-t-elle d'être éternellement conservée ? N'y a-t-il sur ce point aucune amélioration à tenter, aucun progrès à réaliser ?

Telle ne doit pas être notre pensée.

Rejetons la conduite des interventionistes, qui amputent au-dessus de la gangrène et dès la fin de la première période de la maladie. Mais intervenons après une attente modérée par une opération spéciale et suivant certaines règles qui permettent de soustraire le malade aux dangers de l'abstention.

A ce mode de conduite je donne le nom d'*intervention secondaire*.

Cette intervention secondaire aura lieu à une époque très-précise et qu'il sera facile de bien déterminer.

On n'agira ni pendant la production de la gangrène, ni au moment du cercle inflammatoire de délimitation. ni pendant la formation du sillon de séparation; mais lorsque ce sillon, complètement creusé, aura dénudé les os, quand la surface vivante de ce sillon sera recouverte d'une couche granuleuse de bon aspect, lorsque l'état général du malade se relèvera un peu de cette dépression qui accompagne les premières périodes du sphacèle. L'existence simultanée de ces trois caractères est l'indication la plus positive du moment d'agir.

Le procédé opératoire à mettre en usage variera dans les détails, suivant les cas. On s'attachera aux préceptes suivants :

A l'aide du bistouri et de rugines, on devra décoller de l'os le périoste et les parties molles et les soulever en lambeau circulaire, ovalaire ou irrégulier. Pour cela on s'aidera, au besoin, d'incisions multiples autour de l'os destinées à faciliter le soulèvement des lambeaux. Ceux-ci n'auront que juste la longueur suffisante pour recouvrir la surface de section osseuse lorsqu'elle sera faite. Les incisions, en conséquence, pourront être petites, de 1, 2, ou 3 centimètres : c'est une condition de succès. Autant que possible elles ne s'élèveront pas au-dessus du niveau de la zone inflammatoire qui environne le lieu du sillon d'élimination.

Le décollement suffisant étant pratiqué, une compresse fendue, maintenant les lambeaux relevés, le chirurgien porte, à l'angle de séparation de l'os et du lambeau, la scie à chaîne ou à main et il divise l'os.

Le moignon qui en résulte représente la forme d'un cône creux, dont le sommet correspond à la surface de section osseuse et la base aux parties molles détachées. Celles-ci, livrées à leur propre élasticité ou dirigées par les pièces du pansement, vont recouvrir la plaie de l'os.

Cette conduite aura pour conséquence : 1º de diminuer les dangers auxquels expose l'abstention ; 2º de produire un moignon régulier, bien constitué, bien matelassé pour recevoir plus tard un appareil prothétique.

Ce dernier résultat, la régularité du moignon, n'est pas douteux ; il est inutile de le démontrer. Mais il est nécessaire de prouver qu'en agissant

ainsi on expose moins le malade que par l'expectation, journellement mise
en usage.

Théoriquement on conçoit que la plaie ainsi produite, délivrée de cet os
sphacélé, véritable corps étranger pour elle, revenue par conséquent à
l'état de plaie simple, soit beaucoup plus facile à guérir. D'après ce que
l'on sait sur la marche de la cicatrisation des plaies, on peut prévoir qu'en
quatre ou cinq semaines elle sera complètement fermée. Or, avec elle sera
supprimée aussi toute la série des dangers qui accompagne la phase d'élimination spontanée de la gangrène.

Ce que la théorie fait prévoir, quelques faits déjà le confirment. Voici
deux observations de gangrène par congélation où je me suis conduit suivant ces principes :

Obs. I. — Michel Salsar, âgé de 58 ans, conduisait, au mois de décembre 1870, des bestiaux destinés à l'approvisionnement de notre ville. Après
trois jours de marche dans la neige, il ressentit des douleurs très-vives dans
les deux pieds. C'étaient les premiers symptômes de la congélation.

Huit jours après, il entrait à l'Hôtel-Dieu (13 décembre 1870).

L'extrémité antérieure de son pied droit était entièrement noire, froide,
ratatinée, privée de vie. Un sillon de séparation très-net dessinait les
limites du mort et du vif; il siégeait au niveau du métatarse, à trois centimètres environ en arrière des commissures des orteils.

Je laissai ce sillon se creuser de plus en plus.

Le 9 janvier, je constatais qu'il avait dénudé les métatarsiens. La surface
du sillon du côté vivant était taillée à pic et couverte de granulations rouges
de bon aspect. Le malade se relevait de l'état de dépression dans lequel
l'avait jeté son accident ; mais il continuait à sentir de vives douleurs au
pied droit.

Convaincu de l'opportunité d'une intervention qui mettrait un terme à
ces souffrances tout en régularisant le travail d'élimination déjà commencé,
je fis, le même jour, procéder à l'éthérisation.

Pendant le sommeil du patient, je pratiquai de chaque côté du pied et
dans la direction du premier et du cinquième métatarsien, une incision
d'un centimètre de longueur, partant du sillon et s'enfonçant dans les parties
saines jusqu'à l'os. Cette incision me permit de décoller les parties molles

des cinq os du métatarse, de manière à former deux petits lambeaux, l'un supérieur, l'autre inférieur, ayant chacun un centimètre de hauteur. Je les fis relever, et les ayant maintenus dans cette position à l'aide d'une compresse à cinq chefs, je pratiquai d'un trait de scie la séparation des cinq métatarsiens dans leur continuité. Quand j'eus ensuite abandonné les deux lambeaux à leur propre élasticité, je vis que la gouttière formée par leur rapprochement logeait et enfouissait complètement les surfaces osseuses de section.

Un pansement simple soutint les lambeaux dans cette disposition.

Les douleurs que le malade avait éprouvées jusque-là cessèrent le jour même.

La plaie n'offrit pas de complication. La cicatrisation était achevée à la fin du mois de février.

Sur ce malade, j'avais abandonné à l'*expectation* l'extrémité du gros orteil gauche, qui m'avait paru médiocrement atteint par la gelure. Cette méthode de traitement, très en honneur à cette époque dans notre ville, n'avait pas encore amené un résultat définitif après trois mois ; et pendant que le moignon du pied droit était depuis longtemps complètement cicatrisé, il restait toujours sur la phalangette du gros orteil gauche un point d'ostéite suppurée qui retardait l'exéat du malade.

Obs. II. — Un tisseur, âgé de 39 ans, Antoine Clayette, quittait Belley le 2 janvier 1871, conduisant des bestiaux à Lyon. Il marcha un jour et une nuit par des chemins couverts de quarante centimètres de neige. Après une halte de deux heures à Ambérieu, il reprit sa marche dans la neige et ne tarda pas à ressentir dans les pieds les premières douleurs de la congélation. Ces douleurs lui rendirent très-pénible le parcours de quinze kilomètres qu'il fit encore pour atteindre Meximieux. L'application de fers chauds aux pieds, qu'il avait réclamée lui-même à son arrivée dans cette ville, contribua à augmenter notablement ses souffrances. Les pieds devinrent violets et se couvrirent de phlyctènes.

Le 6 janvier, ce malade se présentait à l'Hôtel-Dieu. Son pied droit était entièrement mortifié dans sa partie antérieure. Un liseret rose accusait la limite de la gangrène à quatre centimètres en arrière de la racine des orteils.

Au pied gauche, le gros orteil et la dernière phalange du deuxième orteil étaient sphacélés. Les autres doigts n'avaient subi que les premiers degrés de la congélation.

Le sillon de séparation du pied droit s'établit et se creusa assez rapidement. Le 8 février, il laissait voir les métatarsiens à découvert. Le malade avait repris ses forces.

Je procédais à l'opération comme dans le cas précédent. Le métatarse fut amputé dans sa continuité après la formation de deux lambeaux, identiques à ceux de Michel Salsar, tous deux très-courts et pratiqués avec les mêmes soins dans les tissus encore engorgés.

Au pied gauche, je fis l'amputation du gros orteil et celle de la phalangette du doigt voisin, en conservant pour lambeaux les portions tégumentaires que la gangrène avait laissées intactes.

Je n'eus à pratiquer aucune ligature.

Un pansement simple fut appliqué et je le soutins, dans un but hémostatique, à l'aide d'une bande légèrement compressive. Le deuxième jour, après la levée du premier appareil, le malade cessa d'éprouver les souffrances qu'il ressentaient dans les pieds depuis sa congélation.

La cicatrisation de la plaie suivit sa marche naturelle.

Le 19 mars, Clayette marchait facilement, sans souffrir et sans boiter. Il se trouvait cependant moins habile qu'autrefois à garder l'équilibre sur l'un ou l'autre pied.

Ces deux observations en faveur de la méthode que je propose, ne resteront pas isolées, sans doute. En attendant qu'il s'en produise de nouvelles, et pour donner à cette règle de pratique un nouvel appui, qu'il me soit permis d'invoquer des faits pathologiques particuliers ayant la plus grande analogie avec ceux qui nous occupent.

Je veux parler des moignons coniques.

A une certaine période de son développement, le moignon conique consiste en une plaie à surface renversée, irrégulière, bourgeonnante, du sein de laquelle émerge un os dénudé et faisant une saillie plus ou moins prononcée.

Cette lésion à cette période s'accompagne d'un peu de réparation dans les forces épuisées du patient.

C'est le moment opportun pour l'intervention, et le chirurgien prudent n'aurait garde de le manquer. Il décolle de l'os les parties molles, les écarte les soulève, et à l'aide de la scie ou des pinces de Liston, il résèque la portion d'os qui fait saillie.

Le résultat de cette opération est toujours, quand elle est faite à cette période, une guérison prompte et que n'entrave aucune complication. Jamais Sabatier, auteur d'un mémoire très-péremptoire sur ce sujet, n'a vu survenir un accident par cette pratique. Toujours, à sa suite, il a observé une guérison rapide.

Or, y a-t-il une différence entre le moignon conique dont je viens de parler et la gangrène d'un membre arrivée à la période de séparation complète des parties molles? Je n'en vois aucune.

Des deux côtés un os ou des os émergent d'une plaie irrégulière, à surface granuleuse. Des deux côtés l'état général s'améliore. La seule particularité que je découvre du côté de la gangrène, c'est l'os, qui, loin de se terminer brusquement comme dans le moignon conique, se prolonge chargé d'une masse noire, sphacélée, horriblement fétide; mais cette disposition motive plus encore l'urgence de la résection.

S'il y a, dans les deux cas, identité des symptômes et identité d'opération, il devra y avoir identité des résultats. Comme les résultats sont toujours avantageux dans la resection du moignon conique, ils seront de même favorables dans celle de la gangrène d'un membre.

Non seulement les résultats heureux observés dans les opérations pratiquées sur des moignons coniques démontrent, par analogie, l'innocuité et l'avantage de l'intervention secondaire dans le sphacèle des membres; mais encore certains résultats malheureux dans les faits de la première série nous mettront en garde contre la tendance à trop retarder l'intervention dans les cas de gangrène.

On n'a pas toujours opéré les moignons coniques à la période que j'ai indiquée. Dans quelques cas, où le travail de cicatrisation avait été abandonné à la nature, on a dû intervenir après la cicatrisation complète et déjà ancienne de la plaie.

Dans ces conditions, l'opération perd toute son innocuité. Elle remet tout en question. C'est presque une amputation pour le danger.

La différence dans les résultats de cette opération, suivant qu'on la pratique à telle ou telle époque, n'est pas un des faits les moins dignes de réflexion. Elle me paraît recevoir son explication de l'état anatomique des tissus qui entrent dans la constitution du moignon.

Dans le moignon conique ancien, totalement cicatrisé, la peau est revenue

à peu près à son état naturel. Le tissu cellulaire sous-cutané et intra-mus-
culaire a de même repris ses caractères normaux.

Dans le moignon arrivé à la période de granulation, une atmosphère
d'inflammation chronique englobe toutes les parties voisines. Le tissu cellulaire sous-cutané est densifié, soude la peau à l'aponévrose. Le tissu cellulaire qui entoure les muscles, les vaisseaux et les nerfs offre les mêmes
caractères Le trajet des gaînes tendineuses est obturé. Tous les organes
sont adhérents entre eux, confondus en une masse unique, durcie, résis-
tante.

Or, cette masse est peu propre à la pénétration des produits phlogogènes
s'infiltrant de cellule en cellule, comme cela arrive dans le tissu cellulaire
normal. Elle forme une barrière solide aux propagations inflammatoires,
érysipélateuses, phlegmoneuses, vasculaires, etc.

Quoi qu'il en soit de cette explication théorique, le fait reste et l'innocuité parfaite de l'intervention pendant la période de granulation du moignon conique, sa gravité après la cicatrisation complète, m'autorisent à
conclure qu'il en sera de même pour le sphacèle des membres.

La ligne de conduite à tenir dans ce dernier cas sera donc, pour un chirurgien prudent, calquée sur celle qui est suivie dans les faits de conicité
du moignon.

En résumé, ni la pratique des interventionistes, ni celle des abstentionistes ne réalise la perfection. La conduite que je propose, tenant de l'une et
de l'autre de ces méthodes, me paraît se rapprocher davantage du but
que nous cherchons à atteindre.

Je considère donc, au nom de la théorie, de l'analogie et de l'observation
directe, l'*intervention secondaire* comme la pratique la plus rationnelle en
présence de la gangrène totale du segment d'un membre.

Cette méthode de traitement ne saurait, il est vrai, s'appliquer à certains
sphacèles traumatiques ni à certaines gangrènes des membres rapidement as-
cendantes ; dans ces conditions, il faut agir avec la plus grande célérité. Mais
elle est applicable à tout sphacèle à marche lente, quelle qu'en soit la
cause.

Il ne faut pas surtout en excepter les gangrènes par congélation, comme
l'ont pensé quelques auteurs. Si celles-ci sont sérieuses, si elles frappent un
avant-pied, un pied, une jambe, elles ne diffèrent nullement des autres dans

leurs symptômes, leur marche et leur terminaison ; elles sont comme elles du ressort de l'*intervention secondaire*.

Je conçois que les petites gangrènes par congélation, intéressant un bout d'orteil, une phalange, deux phalanges même, soient, à la rigueur, abandonnées à l'*expectation absolue*. Il ne saurait en résulter de bien graves inconvénients. La cicatrice sera irrégulière, adhérente, sur un ou plusieurs orteils. Tout cela ne compromet pas notablement l'acte de la déambulation. Il peut arriver cependant que l'une de ces cicatrices soit douloureuse, gênante par ses saillies irrégulières. On éviterait cela par l'intervention secondaires, et d'ailleurs, il est toujours préférable, en fait de guérison, d'obtenir un résultat parfait, c'est le but que doit poursuivre partout l'art chirurgical.